Baked
Fruits

自然風味　果物甜點嚴選

栗山 有紀

瑞昇文化

捎來季節更迭的訊息，為餐桌增添色彩的水果。

放進烤箱裡烘烤、烹煮、乾燥處理⋯⋯

經過加熱後，味道更濃縮，而且更適合於保存，

美味程度與直接吃的時候截然不同，讓人很驚豔。

送進烤箱後，就可以坐在餐桌旁等待出爐，享受片刻悠閒。

完成後可當做餐後甜點，附上沾醬或奶油，就是一道招待賓客的美味甜點，

有一天，這些美好的想象在我腦海不停盤旋。

我烘焙甜點的時候一定要試著加入水果⋯⋯

要把水果確實地乾燥後保存起來⋯⋯

要添加砂糖裝入瓶子裡⋯⋯

季節的恩賜，加上時間與巧思，再利用烤箱完成製作，

對於水果到底多麼有趣、可愛、美好，一定會有更深刻的體會。

Contents

 ## STRAWBERRY·草莓

6　茉莉茶香糖煮草莓
7　花椒粒提味的糖煮草莓＋玫瑰茶香氣泡
8　草莓脆片香草冰淇淋
9　Pan con Strawberry（草莓麵包）
10　半乾燥草莓果乾奶油蛋糕

 ## FIG·無花果

12　蘭姆酒香巧克力無花果
13　酒煮無花果　紅酒煮、白酒煮
14　焦糖無花果＋卡士達醬
16　無花果福袋

 ## PINEAPPLE·鳳梨

17　鳳梨脆片
18　椰奶鳳梨
20　鳳梨＆布里歐法式吐司
21　一口鳳梨酥

 ## APPLE·蘋果

22　塔丁蘋果塔風焦糖蘋果
24　諾曼第風味啤酒煮蘋果
25　海棠果馬德蓮蛋糕

 ## PEACH·桃子

26　滋味甜蜜的黃桃＆冷湯
27　桃子＆莫札瑞拉起司烤布蕾
28　伯爵茉莉花茶香蜜桃派

 ## KIWI FRUIT·奇異果

29　糖漬奇異果
30　迷迭香檸檬奇異果克拉芙緹
31　起司蛋糕風奇異果

 ## BANANA·香蕉

32　卡布奇諾風味焦糖香蕉
33　克里奧爾風紙包香蕉
34　焦烤香蕉
35　香蕉蛋糕
36　鹽味焦糖香蕉馬芬

 ## PEAR·洋梨

38　焦糖煮洋梨法式烘餅
40　奶油起司洋梨春捲
41　洋梨碎餅＋巧克力醬

 **CITRUS** · 柑橘

42　柳橙醬烤布蕾

43　香料味道撲鼻的烤橘子

44　葡萄柚布丁塔

45　柳橙果醬巧克力熔岩蛋糕

 GRAPE · 葡萄

46　果實成串的半乾燥葡萄乾

47　焗烤麝香葡萄

48　蘭姆酒香葡萄乾夾心餅乾

50　綜合果乾巧克力聖誕麵包

 CHESTNUT · 栗子

52　奶香栗子醬

53　烤栗子

54　栗子甜湯

55　栗子蒙布朗

 SWEET POTATO · 番薯

56　烤番薯

57　番薯烤布蕾

58　番薯脆餅

59　蒸烤番薯

60　隱形番薯蛋糕

 CHERRY · 櫻桃

62　香草茶香糖漬櫻桃＋鹽漬櫻花

63　黑櫻桃金磚蛋糕

64　櫻桃藍莓脆皮派

 PERSIMMON · 柿子

65　奶油柿子

66　柿子火焰塔

68　柿子乾司康

 PUMPKIN · 南瓜

70　充滿奶油香料味道的糖蜜南瓜

71　巴斯克南瓜起司蛋糕

◎本書的記載原則：

．記載砂糖部分請使用白砂糖。

．未特別註記時，請使用乳脂含量35％的鮮奶油。

．請使用無鹽奶油。

．本書使用瓦斯烤箱。無論瓦斯烤箱或電烤箱，不同廠牌的烤箱，
　火力也不一樣，因此火候不足時，請適度地調高溫度。

．1小匙＝5ml

茉莉茶香
糖煮草莓

放進烤箱後約莫半小時就大功告成，草
莓果粒完整不變形，模樣依然可愛。草
莓與茉莉花茶是我最喜愛的組合。茉莉
花香使草莓味道更芬芳馥郁。

材料與作法〈容量150ml的玻璃瓶2個份〉
草莓 —— 250g
細白糖 —— 125g
茉莉花茶（茶葉）* —— 5g
* 或茶包內容物

1. 草莓摘除蒂頭後，放入適用於烤箱
的鍋子或耐熱容器裡，撒滿細白糖與茶
葉，靜置1小時，直到釋出汁液為止。

2. 覆蓋鋁箔，放進預熱至120～130℃
的烤箱裡烤30～35分鐘，過程中偶爾取
出攪拌一下。

◆ **保存方法**
裝入耐熱玻璃瓶，密封後連同玻璃瓶再加熱
10分鐘。擺冷藏可保存1個月。

Strawberry

材料與作法〈4人份〉

糖煮草莓

草莓 —— 10～12顆（1盒）

砂糖 —— 50g

水 —— 40ml

檸檬汁 —— 10ml

花椒粒* —— 1小匙

＊黑胡椒亦可。

玫瑰茶香氣泡

水 —— 125ml

砂糖 —— 10g

蜂蜜 —— 5g

沖泡用玫瑰花茶或洛神花茶** —— 2g

＊＊喜愛的香草茶或紅茶亦可。

吉利丁片 —— 2g

◎裝飾

花椒粒

・吉利丁片事先以大量冷水泡軟。

1. 製作糖煮草莓。草莓摘除蒂頭。將
所有材料一起倒入耐熱容器或適用於烤
箱的鍋子裡，覆蓋鋁箔，放進預熱至
100℃的烤箱裡加熱15～20分鐘。

2. 製作玫瑰茶香氣泡。將份量中的
水、砂糖、蜂蜜倒入鍋裡加熱，煮滾後
離火，加入玫瑰花茶，倒入事先泡軟的
吉利丁片，確實融解後過篩，移入調理
盆。

3. 調理盆底浸泡冰水，以打蛋器打成
粗氣泡（**a**）。將糖漬水果盛入容器
裡，加上玫瑰茶香氣泡即完成。再以顏
色翠綠的花椒粒
為裝飾。

a

花椒粒提味的
糖煮草莓
＋玫瑰茶香氣泡

花椒粒的麻辣辛香味道成為提味重
點，個性十足的糖煮草莓。以滋味
酸甜、充滿玫瑰花茶香氣的氣泡凝
聚味道。以一杓淡粉紅色氣泡為裝
飾，完成招待賓客的美味甜點。

草莓脆片
香草冰淇淋

口感酥脆，滋味酸甜的草莓脆片。草莓
烘烤後，味道濃縮，酸味更突出，最適
合搭配甜蜜蜜的冰淇淋。送進烤箱前，
草莓盡量切成薄片。烤成脆片後連同乾
燥劑密封，可保存好幾個星期。草莓脆
片可用於裝飾蛋糕、搭配起司、撒在沙
拉上，用途廣泛。當然，直接吃也很美
味。

材料與作法〈4人份〉
草莓 ── 10〜12顆（1盒）
香草冰淇淋 ── 適量

1. 草莓摘除蒂頭後，縱向切成厚2mm
片狀。烤盤鋪上烤盤紙（食物烹調專用
紙），並排草莓片後，放進預熱至
100℃的烤箱裡烤30分鐘。

2. 將香草冰淇淋杓入容器裡，以步驟1
的草莓脆片為裝飾。撒上糖粉（份量
外）。

Pan con Strawberry（草莓麵包）

以新鮮草莓取代果醬塗抹麵包吧！享用後
草莓果汁的清甜味道在口中擴散開來。這
是從西班牙特色美食，以熟透番茄塗抹麵
包的Pan con Tomate（番茄麵包）得到
靈感後，創想出來的甜點食譜。

材料與作法〈4人份〉

草莓 —— 10～12顆（1盒）
法式長棍麵包 —— 1根
奶油 —— 20g
細白糖 —— 適量
橄欖油 —— 適量

1. 法式長棍麵包先切成長10cm（1人份），再橫向
剖開成2等分。草莓摘除蒂頭後，直接塗抹長棍麵包
（**a**），1顆塗抹1人份，接著塗抹已經軟化的奶油。
塗抹後擺在烤盤上，每份撒上1小匙細白糖（**b**）。

2. 放進預熱至200℃的烤箱（烤麵包機1200W）裡
烤5分鐘。

3. 剩下的草莓摘除蒂頭，分別對切後排在麵包上。
淋上橄欖油即可享用。

a

b

半乾燥草莓果乾
奶油蛋糕

半乾燥草莓果乾大量製作後，放入冰箱保存就能夠隨時取用。半乾燥草莓果乾加入奶油霜或司康麵團烤成甜點也很美味。覆面glass（糖衣）也加入草莓果泥，淋漓盡致地使用草莓的奢華蛋糕。可享受到糖衣的香脆口感，與入口後擴散開來的草莓甜美滋味。

材料與作法
〈12×6×高5cm磅蛋糕烤模2個份〉

草莓 —— 10～12顆（1盒）
奶油 —— 120g
砂糖 —— 120g
雞蛋（事先恢復常溫）—— 120g
香草精 —— 1～2滴
A 低筋麵粉 —— 65g
｜ 杏仁粉 —— 55g
｜ 泡打粉 —— 1g

糖衣
草莓 —— 30g
糖粉 —— 110g

・烤模事先鋪上烤盤紙。

1. 製作半乾燥草莓果乾。草莓摘除蒂頭後，排放在鋪好烤盤紙的烤盤上，放進預熱至100℃的烤箱裡烤2小時，過程中每30分鐘翻面一次。

2. 將奶油倒入調理盆裡，以橡皮刮刀攪拌成乳霜狀。砂糖分成4～5次添加，加入後攪拌均勻（**a**）。換成打蛋器，由調理盆底部撈起後翻拌似地，攪拌至呈現泛白狀態。

3. 雞蛋打散後，分成5～6次添加，加入後確實地攪拌均勻（**b**），加入香草精。

4. 篩入材料A，換成橡皮刮刀，充分地攪拌至麵團呈現出光澤為止（**c**）。

5. 將步驟**1**的半乾燥草莓果乾切成1cm小丁，加入後充分地攪拌。

6. 將麵團倒入烤模裡，抹平表面。放進預熱至170℃的烤箱裡烤25分鐘後，溫度調降至160℃，再烤5～10分鐘。烤好後連同烤模往檯面上輕輕拍打。從烤模中取出後，移到網子上冷卻。將蛋糕凸起部分切成平面狀後上下翻轉，接著修掉稜角。

7. 草莓壓成果泥後，與糖粉一起攪拌均勻，做成覆面糖衣，以抹刀塗抹蛋糕表面（**e**）。放進預熱至200℃的烤箱裡烤1～2分鐘，經過烘烤表面更乾爽。

a

b

c

d

e

蘭姆酒香
巧克力無花果

無花果劃上十字切口，塞滿巧克力與奶油，淋上蘭姆酒後烘烤完成的大人口味甜點。使用香氣柔和的無花果，卻完成口感軟綿細緻，味道香濃無比的甜點。

材料與作法〈4人份〉

無花果 —— 4顆
巧克力脆片* —— 40g
* 巧克力片亦可。
奶油 —— 20g
細白糖 —— 10g
蘭姆酒 —— 20ml

1. 無花果畫上十字切口後，並排入耐熱容器裡。巧克力脆片與奶油分成4等分，分別加在無花果上，然後全面撒上細白糖，淋上蘭姆酒（**a**）。

2. 放進預熱至200℃的烤箱裡烤10分鐘。

a

FIG

酒煮無花果
紅酒煮、白酒煮

烤箱調成低溫慢慢地烘烤，形狀依然完好討喜。
紅酒煮無花果味道辛香宛如Hot Wine（熱葡萄
酒）。加熱後也很美味。白酒煮無花果因為果肉
釋出汁液而染成淡淡的粉紅色，模樣十分可愛，
味道清新，冰鎮後搭配冰淇淋更可口。因個人喜
好而不同，紅酒常使用黑皮諾（Pinot Noir），
而白酒則是選用桑賽爾（Sancerre）。

材料與作法
〈紅酒煮、白酒煮相同，各4個份〉

無花果 —— 4顆
糖漿（共通）
　砂糖 —— 100g
　水 —— 100ml
　葡萄酒（紅酒或白酒，依喜好）
　　　—— 100ml
　檸檬汁 —— 1/2個份

· 紅酒煮（需另加）
　檸檬皮（黃色表皮）—— 1/2個份
　肉桂棒 —— 1根

1. 製作紅酒煮無花果，不需要去皮，將表皮擦
乾淨即可。製作白酒煮無花果則須去皮。

2. 將製作糖漿的材料（紅酒煮包括檸檬皮與肉
桂棒），倒入適用於烤箱的鍋子裡加熱煮滾。

3. 倒入無花果，以鋁箔為落蓋。蓋上鍋蓋，放
進預熱至120℃的烤箱裡，加熱30～40分鐘
（果肉表面呈透明狀態即可）。

＊無適用於烤箱的鍋子時，將滾燙的糖漿與無花果
　一起倒入耐熱容器裡，以鋁箔為蓋，進行加熱。

焦糖無花果+
卡士達醬

味道清甜的無花果與略帶苦味的焦糖，兩種食材的絕妙組合。搭配滋味甜蜜的卡士達醬，令人充滿幸福感的一道甜點。備有料理用噴火槍時，無花果淋上焦糖後，不妨再焦化處理一番，促使無花果汁液與焦糖融合在一起，散發出讓人難以抗拒的香氣。

材料與作法〈4人份〉

無花果 —— 4顆
細白糖 —— 40g

卡士達醬
　牛奶 —— 125ml
　鮮奶油 —— 30ml
　香草莢 —— 1/4根
　蛋黃 —— 30g
　砂糖 —— 30g
　低筋麵粉 —— 10g
　奶油 —— 10g

‧香草莢縱向剖開後刮出香草籽。

1. 製作卡士達醬。將香草莢與香草籽、牛奶、鮮奶油倒入鍋裡加熱煮滾。

2. 將蛋黃打入調理盆，以打蛋器打散，加入砂糖後，充分攪打至呈現泛白狀態。篩入低筋麵粉後攪拌均勻（**a**）。

3. 步驟1少量多次加入步驟2，邊攪拌邊加入（**b**）。過篩移回鍋裡，以打蛋器不停地攪打，再次以大火烹煮。煮出濃稠度後，再熬煮1分鐘左右，煮出光澤感與濃稠度（**c**）後離火，添加奶油，攪拌均勻。

4. 移入調理盆，盆底浸泡冰水，邊攪拌邊冷卻。

5. 將細白糖倒入鍋裡，邊加熱邊攪拌，熬煮成焦糖。

6. 無花果縱向對切成兩半，排放入耐熱容器裡。朝著切面淋上步驟5的焦糖（**d**），放進預熱至200℃的烤箱裡烤5分鐘。

7. 將無花果盛入盤裡，撒上糖粉（份量外），附上卡士達醬。

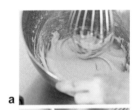
a

b

c

d

無花果福袋

春捲皮塗滿融化奶油後,烤出香噴噴味道。春捲皮酥脆,無花果軟綿,兩種口感形成的絕妙對比最有趣,包入無花果即完成,作法簡單而令人激賞的一道甜點。出爐後,建議劃開春捲皮,露出熱騰騰的無花果,搭配冰品一起享用。

材料與作法〈4人份〉

無花果 —— 4顆
春捲皮(15×15cm) —— 4張
融化奶油 —— 60g

· 準備4條長20cm的麻線。

1. 以毛刷沾取融化奶油,均勻地塗抹春捲皮兩面。

2. 以步驟1的春捲皮包裹無花果,包成福袋形狀後(**a**),以麻線綁緊(**b**)。烤盤鋪上烤盤紙,並排福袋形狀的無花果,放進預熱至180℃的烤箱裡烤20分鐘(至春捲皮呈金黃色為止)。

a

b

材料與作法〈4～5人份〉

鳳梨 —— 1/2顆

細白糖 —— 適量

1. 鳳梨切掉頭尾後去皮。輪切成厚 2mm片狀（**a**），分別撒上1/2小匙細白糖，充分塗抹後，擺放至細白糖融化為止。烤盤鋪上烤盤紙後並排鳳梨片。

2. 放進預熱至100℃的烤箱裡烤2小時，過程中每30分鐘翻面一次。烘烤程度以取出後稍微冷卻，鳳梨片就呈現清脆口感為大致基準。

鳳梨脆片

入口即化，口感真奇妙。微微冷卻後呈現酥脆口感就大功告成。請確實地烤出酥脆口感。甜味與香氣完全顛覆生鮮鳳梨。讓人不管花多少時間與心力都想製作的甜點。

PINEAPPLE

17

椰奶鳳梨

鳳梨、椰奶、香草一起放進烤箱裡烘烤，屋裡頓時充滿南國甘甜香氣。由一整顆鳳梨烤成，氣勢十足，最適合上桌宴客。出爐後端上桌，分切盛盤，搭配香草冰淇淋吧！保證成為餐宴主角的一道甜點。

材料與作法〈6～7人份〉

鳳梨 —— 1顆
A 椰奶 —— 200ml
　砂糖 —— 125g
　香草莢 —— 1根
　胡椒粒（黑）—— 10粒
　蘭姆酒 —— 20ml

‧香草莢縱向剖開後刮出香草籽。

1. 將材料A倒入鍋裡，確實地加熱煮成椰奶糖漿。

2. 鳳梨切除頭尾後去皮。利用刀子挖掉茶色稜目（**a**），將步驟1加熱過的香草切成小段後，隨處插入鳳梨果肉。放入耐熱容器裡，淋上步驟1的椰奶糖漿。

3. 放進預熱至220℃的烤箱裡烤40～50分鐘，過程中偶爾由烤箱中取出，杓取椰奶糖漿淋在果肉上（**b**）。取出後稍微冷卻即可分切享用。

a

b

鳳梨&
布里歐法式吐司

布里歐麵包吸足蛋液。大量吸入鳳梨滲出的果汁與蛋液，口感滑潤宛如布丁的法式吐司麵包。沒有布里歐麵包也沒關係，搭配可頌麵包、吐司麵包、奶油捲等，完成甜點一樣美味。

材料與作法〈長徑28cm耐熱容器1個份〉

鳳梨 —— 1顆
布里歐麵包* —— 4個
*奶油捲或可頌麵包亦可。
雞蛋 —— 3顆
砂糖 —— 50g
牛奶 —— 150ml
奶油 —— 30g

1. 鳳梨切除頭尾後去皮。縱向切成4等分後，切掉芯部，切成一口大小。吐司麵包也切成一口大小。

2. 將雞蛋、砂糖、牛奶倒入調理盆裡，以筷子攪拌均勻，倒入切好的吐司麵包後浸泡。

3. 麵包吸足蛋液後，與鳳梨一起倒入耐熱容器裡（**a**），奶油切成小塊後撒入。放進預熱至180℃的烤箱裡烤25分鐘。烤好後撒上糖粉（份量外）。

a

以台灣鳳梨酥意象完成的甜點。刻意地以罐裝鳳梨調配餡料。完成內餡潤口，餅層口感鬆軟的一口鳳梨酥！

一口鳳梨酥

材料與作法〈直徑4cm 15個份〉

鳳梨果醬
鳳梨（罐裝）—— 400g
砂糖 —— 30g

鳳梨酥麵團
奶油 —— 70g
砂糖 —— 45g
雞蛋 —— 1/2顆
香草精 —— 1～2滴
低筋麵粉 —— 125g
鹽 —— 1小撮

1. 罐裝鳳梨擦乾表面湯汁，切碎後連同砂糖一起倒入鍋裡，以中火加熱，烹煮至轉變成淺茶色。

2. 製作鳳梨酥麵團。將奶油倒入調理盆裡，以橡皮刮刀攪拌成乳霜狀。添加砂糖後，少量多次添加蛋液，攪拌均勻後加入香草精。

3. 加入粉類材料與鹽，避免用力攪打，混合至完全看不出粉狀。

4. 以保鮮膜包裹後，放入冰箱鬆弛1小時。

5. 將步驟4分成15等分後揉圓。揉圓後擺在保鮮膜上，由上往下壓成圓形麵皮（**a**）。將步驟1的果醬擺在正中央，麵皮周邊往中央靠攏（**b**）後，扭緊保鮮膜（**c**）。

6. 拿掉保鮮膜，開口側朝下，並排入鋪著烤盤紙的烤盤裡（**d**），放進預熱至170℃的烤箱裡烤15～17分鐘。

a

b

c

d

APPLE 🍎

塔丁蘋果塔風
焦糖蘋果

搭配性無與倫比的組合。味道酸甜的蘋果，加上微苦的焦糖，與蘋果派截然不同的美味。製作道地的塔丁蘋果塔需要好幾個小時，本單元製作的是迷你版。蘋果片切成薄片更容易吸收焦糖。耐心地烘烤出漂亮蜜糖色吧！

材料與作法〈直徑5～6cm布丁烤杯6個份〉

蘋果 —— 3～4顆
砂糖 —— 100g
奶油 —— 15g
冷凍派皮 —— 1片（150g）

◎搭配

鮮奶油 —— 適量

a

1. 蘋果去皮後，先橫向切成兩部分，再縱向片切成薄片（**a**）。

2. 將砂糖倒入平底鍋裡，加熱後熬煮成焦糖。靠近平底鍋邊緣的砂糖融化冒泡後離火，倒入布丁烤杯裡。稍微冷卻後，分別加上1/8份量的奶油，融解奶油。

b

3. 沿著布丁烤杯邊緣捲入蘋果薄片（**b**）至填滿。

4. 覆蓋鋁箔，放進預熱至170℃的烤箱裡烤30分鐘後，溫度調降至160℃，再烤10分鐘。

c

5. 由烤箱中取出，以刮板等按壓後，再烤5～10分鐘。

6. 冷凍派皮以叉子隨處戳上小孔（氣孔）後，放進預熱至200℃的烤箱裡烤20分鐘。中途派皮鼓起時，以平底鍋鏟壓平。

d

7. 烤成派餅後，擺好布丁烤杯，沿著底部邊緣切割（**c**）。以蛋糕抹刀取出步驟5的蘋果（**d**），翻面後加在派餅上（**e**）。

8. 盛入盤裡，附上打發的鮮奶油。

e

23

諾曼第風味
啤酒煮蘋果

靈感來自於法國諾曼第鄉土料理蘋果酒煮蘋果，以啤酒取代蘋果酒完成這道甜點。將普普通通的烤蘋果做得更有特色，啤酒味道滿口生香的一道甜點。製作重點是烘烤過程中需要打開烤箱，將含啤酒的煮汁淋在蘋果上。

材料與作法〈4人份〉

蘋果 —— 4顆
融化奶油 —— 40g
啤酒 —— 50ml
蔗糖 —— 80g

1. 蘋果挖出芯部後，放入耐熱容器裡，全面塗滿融化奶油。

2. 整顆蘋果淋上啤酒，撒上蔗糖。放進預熱至180℃的烤箱裡烤20分鐘，過程中偶爾打開烤箱，將煮汁淋在蘋果上。

材料與作法

〈直徑7cm烘焙用紙杯15～16個份〉

海棠果 —— 15～16顆
A 雞蛋 —— 100g
　砂糖 —— 85g
　蜂蜜 —— 25g
　檸檬皮（磨成泥）—— 1/2個份
　鹽 —— 1g
　香草精 —— 適量
低筋麵粉 —— 90g
泡打粉 —— 4g
奶油 —— 110g
酸奶油 —— 30g

1. 處理海棠果，刀子由底部插入後，挖出芯部。

2. 將材料A倒入調理盆裡，以打蛋器充分地攪拌。

3. 低筋麵粉與泡打粉混合後篩入步驟2，用手迅速地攪拌至完全看不出粉狀顆粒。

4. 隔水融化奶油，添加酸奶油後攪拌。倒入步驟3的調理盆裡，充分地攪拌，完成麵糊。

5. 將步驟4的麵糊倒入烤模裡，中央放入一顆海棠果。放進預熱至190℃的烤箱裡烤13～15分鐘。

海棠果馬德蓮蛋糕

法國最具代表性甜點馬德蓮蛋糕，中央加一顆海棠果後烘焙完成。模樣十分可愛的馬德蓮蛋糕。蛋糕吸入海棠果汁液而更美味，建議烤好後趁熱享用。錯過海棠果產季時，加上草莓、葡萄、藍莓等水果完成蛋糕也很美味。

滋味甜蜜的黃桃&冷湯

桃子烘烤後,果肉更軟,味道更香甜。添加蔗糖,滋味更甜蜜。添加檸檬汁,冷湯喝起來清爽無比。冷湯儘量煮出滑潤口感。以白桃製作也很美味,就以容易取得的桃子完成這道甜點吧!使用罐裝桃子時,不需要添加砂糖。

材料與作法〈4人份〉

烤黃桃
　黃桃 —— 2顆
　奶油 —— 15g
　蔗糖 —— 20g

冷湯
　黃桃 —— 2顆
　砂糖 —— 25g
　水 —— 50ml
　檸檬汁 —— 10ml

◎裝飾
　食用菊花、烤杏仁、
　薄荷葉 —— 各適量

1. 製作烤黃桃。黃桃對切後取出種籽,放入耐熱容器裡。將奶油加入取出種籽後形成的凹孔,撒上蔗糖。放進預熱至220℃的烤箱裡烤10分鐘(至表面呈金黃色為止)。

2. 製作冷湯。黃桃去皮,對切後取出種籽。黃桃果肉添加砂糖、份量中的水、檸檬汁,以果汁機攪打成泥狀。移入調理盆,盆底浸泡冰水,利用橡皮刮刀,邊攪拌邊充分地冷卻。

3. 將冷湯盛入盤裡,加上烤好的黃桃果肉。備有則以食用菊花、烤杏仁、薄荷葉為裝飾。

PEACH

桃子&莫札瑞拉
起司烤布蕾

桃子果肉疊上莫札瑞拉起司，撒上蔗糖
與烘烤過的核桃後完成。建議出爐後趁
熱享用這道莫札瑞拉起司濃稠牽絲的美
味甜點！

材料與作法〈4人份〉

桃子 —— 2顆
蜂蜜 —— 適量
莫札瑞拉起司（大）—— 1條
蔗糖 —— 20g
橄欖油 —— 適量
烤核桃 —— 適量

1. 桃子對半切開，取出種籽後去皮，
切口朝上放入耐熱容器裡，將蜂蜜杓入
去籽後形成的凹孔。莫札瑞拉起司切成
厚1cm，疊在桃子果肉上。

2. 起司上撒滿蔗糖（**a**），放進預熱至
200℃的烤箱裡烤5～6分鐘（至莫札瑞
拉起司融化為止）。淋上橄欖油，撒上
烘烤過的核桃後享用。

伯爵茉莉花茶
香蜜桃派

使用伯爵茶與茉莉花茶，以兩種茶烤出絕妙
香氣。口感酥脆的碎餅，與添加砂糖煮出滑
軟口感、甜蜜滋味的桃子，完成這道上桌招
待賓客也很體面的美味甜點。

材料與作法〈4人份〉

糖煮桃子

桃子 —— 2顆
砂糖 —— 100g
水 —— 200ml

碎餅

A 糖粉 —— 50g
　 低筋麵粉 —— 50g
　 杏仁粉 —— 50g
茶葉（混合伯爵茶與茉莉花茶）*
　 —— 4g ＊茶包1包2g
奶油 —— 50g

1. 製作碎餅。將材料A篩入調理盆，
切成細末的茶葉也倒入。奶油切碎後加
入，用手攪拌所有材料，混合成肉燥般
狀態。放入冰箱冷卻備用。

2. 製作糖煮桃子。桃子對半切開後取
出種籽。將砂糖與份量中的水倒入鍋
裡，煮滾後倒入桃子果肉。煮10分鐘
左右後取出，去皮後稍微冷卻。

3. 將桃子果肉放入圓形無底烤模裡。
無烤模時，將鋁箔摺成三褶，完成寬

5cm帶狀，以釘書機固定，做成烤模後使用。
桃子果肉放入烤模後，排入鋪著烤盤紙的烤盤
裡（**a**）。放進預熱至180℃的烤箱裡烤18～
20分鐘。烤好後移入盤子，撒上糖粉（份量
外）。

a

糖漬奇異果

活用奇異果的酸味，顏色非常鮮豔的
糖漬水果。味道清新爽口，適合搭配
水切優格或完成後保存，烹調菜餚時
取出調配沾醬，十分便利。訣竅是做
成沾醬狀態。

材料與作法〈一份約200g〉
奇異果 ── 2顆
砂糖 ── 奇異果去皮後
　　重量的1/2
檸檬汁 ── 1/2個份
◎搭配
水切優格 ── 適量

1. 奇異果去皮後，
切成1cm小丁。倒入適用於
烤箱的鍋子或耐熱容器裡，撒上
砂糖，浸漬15分鐘。充分攪拌後添加
檸檬汁。

2. 覆蓋鋁箔後，放進預熱至100℃的
烤箱裡烤30分鐘。搭配水切優格等更
美味。

◆ **保存方法**
放入耐熱玻璃瓶，密封後連同玻璃瓶再加
熱10分鐘。放入冷藏可保存兩星期。

KIWI FRUIT

迷迭香
檸檬奇異果
克拉芙緹

奇異果加上濃稠奶油麵糊後,烤出滑潤
口感的熱甜點。奇異果經過加熱後,酸
味更突出,非常適合搭配味道柔和甜美
的克拉芙緹。檸檬與香草的搭配性也出
類拔萃。

材料與作法
〈直徑15cm耐熱容器1個份〉

奇異果 —— 2顆
檸檬 —— 1/2顆
雞蛋 —— 75g
砂糖 —— 60g
低筋麵粉 —— 10g
鮮奶油 —— 85ml
迷迭香 —— 4枝

・耐熱容器事先塗抹奶油
　(份量外)。

1. 奇異果去皮切成厚5mm片狀,
檸檬輪切成厚2mm薄片後,交互排
入耐熱容器裡(**a**)。

2. 將雞蛋與砂糖倒入調理盆裡,
以打蛋器攪拌,篩入粉類材料後攪
拌均勻。少量多次添加鮮奶油後拌
勻,完成光滑細緻的奶油麵糊。

3. 將步驟2注入步驟1,接著加上
迷迭香(**b**)。放進預熱至180℃的
烤箱裡烤30～35分鐘。

a

b

由一整顆奇異果完成的起司蛋糕。重點是奇異果橫向劃上細密切口。充滿奶香味的起司融化後，奇異果的酸甜滋味更突出。冰鎮後也很美味。

材料與作法〈2人份〉

奇異果 —— 2顆
奶油起司 —— 70g
砂糖 —— 25g
低筋麵粉 —— 1小匙強
雞蛋 —— 25g

1. 奇異果去皮後橫向擺放，間隔5mm，分別劃上切口，避免切斷果肉（**a**）。

2. 將奶油起司倒入調理盆裡，以橡皮刮刀攪拌促使軟化。依序添加砂糖、低筋麵粉後攪拌。攪拌得更光滑細緻後加入蛋液，攪拌均勻，完成奶油起司麵糊。

3. 奇異果切口分別塗抹奶油起司麵糊（**b**）。剩餘麵糊加在最上面。將奇異果排入耐熱容器裡，放進預熱至220℃的烤箱裡烤10分鐘（至表面烤成金黃色為止）。撒上糖粉（份量外）。

a

b

起司蛋糕風奇異果

卡布奇諾風味
焦糖香蕉

相較於使用咖啡豆，以即溶咖啡完成這道甜
點味道更香濃。咖啡的苦味與肉桂的香氣激
盪出卡布奇諾風味。加入牛奶裡吃也很美味
喔！

BANANA

材料與作法

〈15×10cm耐熱容器1個份〉

香蕉（熟透）—— 2根
奶油 —— 15g
砂糖 —— 20g
即溶咖啡 —— 1/2小匙
肉桂粉 —— 1/4小匙

1. 香蕉去皮後，輪切成厚2cm圓
片，排入耐熱容器裡，先撒上切碎
的奶油，再撒上砂糖。

2. 撒上即溶咖啡與肉桂粉，放進
預熱至200℃的烤箱裡烤10分鐘。

材料與作法〈4條份〉

香蕉 —— 4根
奶油 —— 20g
蘭姆酒 —— 10ml
肉桂粉 —— 適量
黑胡椒 —— 適量
香草莢* —— 1/4根
* 使用香草精時數滴。

· 烤盤紙裁成30cm正方形，準備4片。
· 香草莢縱向剖開後刮出香草籽。

1. 香蕉去皮後，斜切成厚3cm片狀。
　烤盤紙上分別排放1根份量的香蕉片
　後，撒上切成小丁的奶油，剩餘材料全
　部撒在最上面（**a**）。

2. 對齊烤盤紙兩邊，摺疊後以釘書機
　固定，左右摺成三角後摺疊固定
　（**b**）。放進預熱至200℃的烤箱裡烤
　15分鐘。

a

b

克里奧爾風
紙包香蕉

「克里奧爾」一詞係指加勒比海為中心的法
國海外領土，或當地居民、語言。克里奧爾
是世界知名的蘭姆酒產地，這道甜點因此得
名。製作時進一步地以香料與香草襯托香
蕉，打開紙包的瞬間，充滿南洋風味的甘甜
香氣撲鼻而來，充滿奢華味道的甜點。

焦烤香蕉

香蕉烘烤成令人訝異的焦黑狀態，果肉軟綿，吃進嘴裡，美味湯汁在口中擴散開來。建議出爐後直接吃，好好地享受香蕉的濃稠滑潤口感，不過，搭配蘭姆酒風味醬汁和冰淇淋的這道甜點，更是舉世無雙的人間美味呢！

材料與作法〈4人份〉

香蕉 —— 4根
蔗糖 —— 20g
蘭姆酒 —— 20ml
香草冰淇淋 —— 適量

1. 香蕉皮縱向劃上切口後，排入鋪著烤盤紙的烤盤裡，放進預熱至200℃的烤箱裡烤13～15分鐘，烤到香蕉皮呈焦黑狀態（**a**）。

2. 將蔗糖與蘭姆酒倒入小鍋裡，加熱融解砂糖後煮滾。

3. 香蕉趁熱盛入容器裡，淋上步驟2。加上香草冰淇淋。

a

材料與作法

〈17×8×高6cm磅蛋糕烤模1個份〉

香蕉（熟透）—— 1根
蘭姆酒 —— 1小匙
奶油 —— 120g
砂糖 —— 135g
雞蛋 —— 80g
A 低筋麵粉 —— 100g
 杏仁粉 —— 20g
 泡打粉 —— 2g
 肉桂粉 —— 3g

・烤模事先鋪上烤盤紙。

1. 將香蕉與蘭姆酒倒入調理盆裡，混合後以叉子搗成泥狀（**a**）。

2. 將奶油倒入另一個調理盆裡，以橡皮刮刀攪拌成乳霜狀，砂糖分成4～5次添加，加入後以打蛋器由盆底撈起後翻拌似地，攪拌至呈現泛白狀態。

3. 雞蛋打散後，分數次加入步驟2，每次加入都充分地攪拌。

4. 將步驟1加入步驟3，攪拌後篩入材料A。換成橡皮刮刀，確實地攪拌均勻。

5. 將步驟4的麵糊倒入烤模裡，抹平表面。放進預熱至180℃的烤箱裡烤30分鐘後，溫度調降至170℃，再烤20分鐘。烤好後連同烤模往檯面上輕輕拍打。脫模取出後，移到網子上冷卻。

a

香蕉蛋糕

微微地散發著蘭姆酒香氣的香蕉蛋糕。使用常溫下熟透散發出香濃味道的香蕉。烤好後切成厚片，佐以奶泡鬆軟的鮮奶油。最適合搭配深烘焙咖啡的甜點。

鹽味焦糖
香蕉馬芬

香蕉輪切成厚片以提升存在感。確實地焦化處理完成焦糖，輕鬆調配馬芬麵糊，混合後烤成蛋糕。馬芬蛋糕屬於輕奶油蛋糕，早餐時享用也無負擔。

材料與作法〈直徑7cm馬芬烤模6個份〉

鹽味焦糖香蕉
香蕉 —— 2根
細白糖 —— 30g
鮮奶油 —— 25ml
鹽 —— 2g
蘭姆酒 —— 1小匙

馬芬麵糊
A 低筋麵粉 —— 140g
　 泡打粉 —— 6g
　 砂糖 —— 140g
B 雞蛋 —— 60g
　 牛奶 —— 50ml
　 融化奶油 —— 110g

· 烤模鋪上玻璃紙。

1. 製作鹽味焦糖香蕉。香蕉輪切成1cm厚片。將白砂糖倒入平底鍋裡，以中火加熱至冒泡，確實焦化處理成茶色（**a**），添加鮮奶油與鹽（小心燙傷），以木鍋鏟攪拌，熬煮成焦糖（**b**）。倒入香蕉，微微地煎一下（**c**），添加蘭姆酒後離火。倒入淺盤裡冷卻備用。

2. 製作馬芬麵糊。將材料A篩入調理盆。添加材料B，以打蛋器慢慢地攪拌。

3. 將步驟1的一半份量加入步驟2，以橡皮刮刀攪拌完成麵糊。將麵糊倒入馬芬烤模裡至八分滿，將剩餘香蕉加在最上面。放進預熱至210℃的烤箱裡烤15～20分鐘。稍微冷卻後脫模取出。

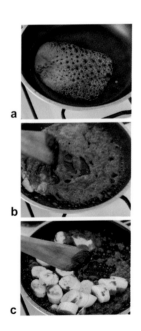
a
b
c

PEAR

焦糖煮洋梨
法式烘餅

齒頰留香的法式烘餅，加上一整顆焦糖煮洋梨，外形上也很有趣的一道甜點。法式烘餅的酥脆口感與焦糖煮洋梨的柔軟口感，形成絕妙對比，請一定要嚐嚐看。法式烘餅表面裹上巧克力，兼具防止水分流失與重點提味作用。需要多花些心思製作的一道甜點。

材料與作法〈4個份〉

焦糖煮洋梨

洋梨 —— 4顆
砂糖（製作焦糖） —— 100g
砂糖 —— 100g
熱水 —— 400ml
香草莢 —— 1/4根

法式烘餅

A 低筋麵粉 —— 90g
　｜泡打粉 —— 1g
　｜鹽 —— 1g
　奶油 —— 90g
　砂糖 —— 50g
　雞蛋 —— 1/2顆
　蘭姆酒 —— 1小匙

◎**最後修飾**

巧克力（乳狀） —— 適量
開心果 —— 8粒

・香草莢縱向剖開後刮出香草籽。
・法式烘餅用粉類食材事先放入冰箱冷卻。
・奶油切成1cm小丁，放入冰箱冷卻備用。

1. 製作焦糖煮洋梨。將熬煮焦糖的砂糖倒入鍋裡，加熱至冒泡，焦化處理成茶色。完成焦糖後，輕輕地沖入滾燙的熱水。熱水少量多次沖入，熬煮焦糖容易噴濺，請小心處理。

2. 加入剩餘砂糖與香草莢、香草籽。倒入去皮的洋梨。

3. 轉小火，續煮30分鐘左右，至洋梨吸入焦糖，轉變成焦糖色為止（**a**）。

4. 製作法式烘餅。將材料A篩入調理盆。加入奶油，以刮板切拌成細小顆粒狀（**b**）。

5. 奶油切成3～4mm後，添加砂糖。整鍋材料用手混合成肉燥般狀態。

6. 添加蛋液與蘭姆酒，以刮板迅速地混合後（**c**），以保鮮膜包成團（**d**），放入冰箱鬆弛1小時。

7. 利用擀麵棍，將步驟6擀成厚1.5cm麵皮。以直徑6.5cm烤模套切麵餅後，放入鋪著烤盤紙的烤盤裡。以直徑6.5cm圓形無底烤模套住麵餅，放進預熱至180℃的烤箱裡烤30～35分鐘。

8. 烤成法式烘餅後，分別塗抹1匙隔水加熱融化的巧克力，接著撒上切成顆粒狀的開心果。加上步驟3完成的焦糖煮洋梨。

a

b

c

d

e

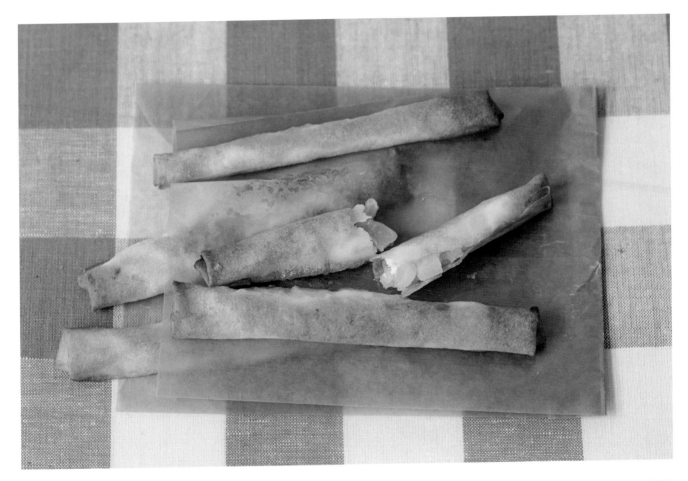

不是油炸！這是烤箱烤出來的喔！春捲皮吸入奶油，烘烤後口感酥脆宛如派皮。剛出爐的香脆口感，一定要嚐嚐看。趁熱吃最美味！奶油起司和蜂蜜，眼看著就要流出來了。

材料與作法〈棒狀10根份〉

洋梨 ── 1顆
奶油起司 ── 100g
春捲皮（15×15cm）── 5張
融化奶油 ── 50g
蜂蜜 ── 100g

1. 洋梨去皮，取出芯部後，與奶油起司分別切成1cm小丁。

2. 春捲皮對切成兩半，以毛刷沾取融解奶油塗抹兩面後，平鋪於檯面上，靠近面前側加上步驟1，淋上蜂蜜（**a**）。由內往外摺起春捲皮後，摺入兩端，然後往前捲，確實地捲成春捲形狀（**b**）。

3. 捲好春捲後，開口側朝下，排入鋪著烤盤紙的烤盤裡，放進預熱至180℃的烤箱裡烤20分鐘。

a

b

奶油起司洋梨春捲

讓麵包粉確實地吸入奶油吧！麵包粉烤出酥脆口感的甜點。洋梨放進烤箱烘烤後，果肉更柔軟，味道更甜蜜。享用前才淋上巧克力醬。

洋梨碎餅＋巧克力醬

材料與作法〈17×10cm耐熱容器1個份〉

洋梨 —— 2顆
細白糖 —— 40g
檸檬汁 —— 1/2個份
麵包粉 —— 50g
融化奶油 —— 50g

巧克力醬

巧克力（苦味）—— 80g
鮮奶油 —— 120ml

・耐熱容器事先塗抹奶油（份量外）。

1. 洋梨去皮，分切成8等分梳子狀，切除芯部後，並排入耐熱容器裡，均勻地撒上細白糖，淋上檸檬汁。

2. 麵包粉與融化奶油混合後，加在步驟1上，放進預熱至180℃的烤箱裡烤20分鐘（至麵包粉呈現酥脆口感，散發出香氣為止）。

3. 巧克力隔水加熱融解，鮮奶油加熱後，少量多次加入，攪拌均勻，淋在步驟2上即可享用。

柳橙醬烤布蕾

冰淇淋加入蛋黃，只是這樣，就輕易地完成這道美味可口的烤布蕾。以柳橙皮為容器，味道更香濃。烤好後表面經過焦化處理，吃起來脆脆的。

材料與作法〈4人份〉

柳橙 —— 2顆
香草冰淇淋 —— 150ml
蛋黃 —— 1顆份
細白糖 —— 適量

1. 柳橙橫向切成兩半後，取出果肉（**a**）。以柳橙皮為容器。

2. 香草冰淇淋常溫融解後，倒入調理盆裡，添加蛋黃，以打蛋器攪拌均勻。

3. 柳橙果肉剝除薄皮後，放入柳橙皮容器裡，杓入步驟2，排入鋪著烤盤紙的烤盤裡，放進預熱至150℃的烤箱裡烤20分鐘（至表面呈現濃稠凝固狀態為止）。

4. 烤好後，將白砂糖撒在表面上，以料理用噴火槍炙烤成焦糖狀。無噴火槍時，將不再使用的鐵湯匙加熱，湯匙背迅速地滑過表面，也能夠處理成焦糖狀。

a

b

CITRUS

香料味道撲鼻的
烤橘子

橘子去皮後，撒上肉荳蔻粉與月桂葉，
烤出香氣撲鼻，充滿異國風味，非常有
特色的一道甜點。橘子烘烤後，味道更
濃縮。美味多汁、熱騰騰的橘子，一定
要吃吃看唷！

材料與作法〈12個份〉

蜜柑或椪柑 ── 12顆
細白糖 ── 90g
肉荳蔻 ── 適量
香草精 ── 適量
月桂葉 ── 8片

1. 橘子去皮後，排入鋪著烤盤紙的烤
盤裡。撒滿白砂糖與肉荳蔻粉，撒上香
草精。隨意加上月桂葉（**a**）。

2. 放進預熱至200℃的烤箱裡烤15分
鐘。

a

葡萄柚布丁塔

布丁塔上交互排放白色與紅色葡萄柚果肉，外觀也賞心悅目。布丁塔滋味甜蜜，巧妙地降低葡萄柚的苦味，讓人懷著罪惡感也想大快朵頤的一道甜點。

材料與作法〈長徑20cm耐熱容器1個份〉

葡萄柚（白肉與紅肉）── 2顆
牛奶 ── 360ml
鮮奶油 ── 20ml
香草莢 ── 1/2根
雞蛋 ── 50g
蛋黃 ── 35g
砂糖 ── 70g
低筋麵粉 ── 40g

・香草莢縱向剖開後刮出香草籽。

1. 葡萄柚去皮，取出果肉，剝掉薄皮。

2. 將牛奶、鮮奶、香草莢與香草籽倒入鍋裡加熱煮滾。

3. 將雞蛋倒入調理盆裡，以打蛋器打散，添加砂糖後，充分攪拌至呈現泛白狀態。篩入低筋麵粉。

4. 步驟2少量多次加入步驟3，邊添加邊攪拌。過篩後移回鍋裡，再次加熱，邊加熱邊以打蛋器不停地攪拌。煮出濃稠度後，再煮1分鐘左右，煮出光澤感與濃稠度後離火。

5. 倒入耐熱容器裡，抹平表面，排入步驟1的葡萄柚（ a ）。放進預熱至170℃的烤箱裡烤10～15分鐘後，溫度調降至160℃，再烤20分鐘。烤好後撒上糖粉（份量外）。

a

材料與作法

〈直徑5.5cm圓形無底烤模6個份〉

柳橙果醬（市售90g亦可）

柳橙果肉 —— 2顆份
砂糖 —— 果肉重量的1/2

麵團

奶油 —— 80g
巧克力（苦味）—— 85g
雞蛋 —— 60g
砂糖 —— 50g
A 低筋麵粉 —— 20g
| 可可粉 —— 4g

◎搭配

鮮奶油 —— 適量

1. 製作柳橙果醬。將果肉與砂糖倒入鍋裡，加熱烹煮20分鐘左右，煮出濃稠度。取出後擺在保鮮膜上，包成6×9cm，放入冰箱冷凍硬化。

2. 調配麵糊。將奶油與巧克力倒入調理盆裡，隔水加熱促使融化。

3. 將雞蛋倒入另一個調理盆裡，添加砂糖，以打蛋器攪拌。充分攪拌後，倒入步驟2的調理盆裡再攪拌。

4. 篩入材料A後確實地攪拌。

5. 烤盤鋪上烤盤紙，並排圓形無底烤模後，倒入麵糊至烤模的一半高度。步驟1的果醬冷凍硬化後，切成3cm小丁，加入麵糊裡（**a**），將剩下的麵糊加在最上面。放進預熱至190℃的烤箱裡烤10～11分鐘。

6. 脫模取出，盛入盤裡，撒上糖粉（份量外）。附上打發的鮮奶油。

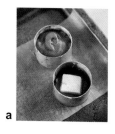

a

柳橙果醬
巧克力熔岩蛋糕

一提到巧克力熔岩蛋糕，腦海裡就會浮現熱騰騰的巧克力醬宛如岩漿似地流出的畫面。以柳橙果醬完成這種感覺的甜點。以味道清新的柳橙果醬，成功地表現出岩漿流出意境最令人激賞。千萬別烤過頭喔！

果實成串的
半乾燥葡萄乾

口感Q軟的半乾燥葡萄乾，真的很好吃，讓人禁不住頻頻伸手一口接一口。建議以香氣較重的貓眼、巨峰或甜度較高的Bailey A等品種葡萄完成製作。搭配起司直接送進嘴裡就很可口，加入麵糊烤成蛋糕更是奢侈絕頂，需要多花些時間，但衷心期盼動手做做看的一道甜點。

GRAPE

材料與作法

葡萄* —— 1串
* 巨峰、貓眼、Bailey A等品種。

烤盤鋪上烤盤紙後放入葡萄。放進預熱至110℃的烤箱裡烤2～3小時，偶而翻動一下葡萄。依據乾燥程度調節烘烤時間。捏起葡萄觀察，確實烤軟即完成。

非常奢侈地以晴王麝香葡萄做做
看吧！葡萄可連皮吃下肚，因此
直接使用，以焗烤方式完成製
作。烘烤後滋味更香甜，葡萄汁
液從緊繃的表皮噴出，奢華無比
的一道焗烤甜點。

焗烤麝香葡萄

材料與作法
〈15×15cm耐熱容器1個份〉

麝香葡萄 —— 15～18顆
雞蛋 —— 75g
砂糖 —— 60g
低筋麵粉 —— 10g
牛奶 —— 40ml
酸奶油 —— 55g
奶油 —— 10g
香草莢 —— 1/4根

· 香草莢縱向剖開後
　刮出香草籽。

1. 將雞蛋與砂糖倒入調理盆裡，以打蛋器攪拌均勻。邊篩入粉類材料邊攪拌均勻。

2. 將牛奶、酸奶、奶油、香草莢與香草籽一起倒入鍋裡，煮滾後，少量多次加入步驟1的調理盆裡。

3. 將麝香葡萄排入耐熱容器裡，倒入步驟2。放進預熱至180℃的烤箱裡烤30分鐘。烤成金黃色後，撒上糖粉（份量外）。

蘭姆酒香葡萄乾
夾心餅乾

味道鮮甜的半乾燥葡萄乾，微微地浸泡
過蘭姆酒後使用。將口感Q軟的半乾燥
葡萄乾，與奶油霜一起夾入香甜酥脆的
沙布列餅乾後融為一體，完成入口即化
的美味甜點。這是我非常喜歡，完成後
總是迫不及待地享用的甜點。

材料與作法〈約10個份〉
沙布列餅乾
　　奶油 —— 90g
　　糖粉 —— 35g
　　雞蛋 —— 25g
　　A 低筋麵粉 —— 90g
　　　 玉米粉 —— 15g
　　　 杏仁粉 —— 10g
　　　 鹽 —— 1小撮
蘭姆酒香葡萄乾與奶油霜
　　半乾燥葡萄乾（參照P.46）—— 90～100g
　　奶油 —— 100g
　　砂糖 —— 40g
　　煉乳 —— 20g
　　蘭姆酒 —— 1小匙

1. 製作沙布列餅乾。將奶油倒入調理盆裡，
以橡皮刮刀充分攪拌成乳霜狀後，加入糖粉。
蛋液分成數次加入後攪拌。

2. 篩入材料A，以橡皮刮刀攪拌均勻。揉成
麵團後，以保鮮膜包裹，放入冰箱鬆弛1小時
以上。

3. 準備2張大小約30×38cm的保鮮膜。以2
張保鮮膜夾住步驟2的麵團，摺入保鮮膜邊
端，摺成20×28cm（a）。以擀麵棍擀成厚
3～4mm的麵皮（b）。將麵皮放入冰箱冷卻
後，撕掉保鮮膜，作記號，以刀子切成4×
7cm（c）麵餅。將麵餅排入鋪著烤盤紙的烤
盤裡。

4. 放進預熱至170℃的烤箱裡烤15～18分
鐘。烤好後移到網子等冷卻，完成沙布列餅
乾。

5. 製作蘭姆酒香葡萄乾與奶油霜。半乾燥葡
萄乾浸泡蘭姆酒（份量外）1～2小時。

6. 將奶油倒入調理盆裡，以橡皮刮刀攪拌成
乳霜狀。添加砂糖與煉乳，以打蛋器攪拌至呈
現泛白狀態。添加蘭姆酒後攪拌均勻。

7. 以2片沙布列餅乾夾住奶油霜與蘭姆酒香
葡萄乾。放入冰箱保存。

綜合果乾
巧克力聖誕麵包

製作道地聖誕麵包需要多花一些時間與心思。這是作法相對簡單的巧克力口味聖誕麵包。巧克力脆片與烤好後大量塗抹的融化奶油，是烤出美味聖誕麵包的最大關鍵。很大氣地撒滿糖粉，然後切成薄片慢慢享用吧！

材料與作法〈長15cm 1條份〉

A 高筋麵粉 —— 100g
　　可可粉 —— 5g
　　酵母 —— 2g
　　香料（粉）* —— 2g
　　*肉桂、肉荳蔻、丁香、小荳蔻等
　　　依喜好使用。
　　砂糖 —— 10g
　　鹽 —— 2g
水 —— 20ml
牛奶 —— 40ml
蛋黃 —— 1顆份
奶油 —— 25g
半乾燥葡萄乾*（參照P.46） —— 30g
*市售葡萄乾亦可
橙皮 —— 10g
蔓越莓乾 —— 10g
核桃 —— 20g
巧克力脆片 —— 20g
融化奶油 —— 20g
糖粉 —— 50g

・半乾燥葡萄乾事先浸泡蘭姆酒
　（份量外）1～2小時。

1. 將材料A倒入調理盆裡，以橡皮刮刀攪拌均勻。

2. 麵團中央形成凹洞，將份量中的水、牛奶、蛋黃混合後倒入，用手充分揉麵，將所有材料揉成麵團。

3. 奶油切小塊，少量多次加入後，用手揉入麵團。

4. 加入綜合果乾、核桃、巧克力脆片後，用手揉入麵團。

5. 放入調理盆，覆蓋保鮮膜，置於常溫狀態鬆弛1小時。

6. 將麵團移往已經撒上手粉（份量外，高筋麵粉）的揉麵台，以手壓成厚2cm圓形麵餅（a），然後摺成三摺（b、c），移入鋪好烤盤紙的烤盤裡，覆蓋保鮮膜，靜置20分鐘。

7. 放進預熱至180℃的烤箱裡烤25～30分鐘。

8. 烤成麵包後全面塗抹融化奶油，連背面、側面都塗抹（d）。冷卻後均勻地撒上糖粉（e）。

a

b

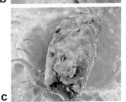
c

d

e

奶香栗子醬

自己烤栗子或市售甜栗都可以，就以自己最喜愛的栗子試試看吧！味道甜蜜的煉乳最適合用來製作這道甜點。加熱後漸漸地轉變成淡淡的蜜糖色。低溫慢慢加熱，味道更香濃。裝瓶後直接加熱，兼具密封效果與延長保存期限（冷藏1個月）作用，很適合當禮物送給親朋好友。

材料與作法〈容量200ml耐熱玻璃瓶1個份〉

烤栗子*（參照P.53）—— 7～10顆
* 市售甜栗或烤栗子亦可。
煉乳 —— 120g
鮮奶油 —— 30ml

1. 烤栗子去皮取出果肉。加入煉乳、鮮奶油後混合（**a**）。備有則以手持攪拌器攪拌，無攪拌器則過篩或以湯匙壓成泥狀，然後倒入調理盆裡攪拌均勻。

2. 倒入耐熱玻璃瓶裡至九分滿為止（**b**）。裝太滿時，加熱過程中，栗子醬可能從瓶口冒出，需留意。確實拴緊瓶蓋，放進預熱至100℃的烤箱裡烤70～80分鐘（至烤出濃稠綿密口感為止）。

a

b

CHESTNUT

烤栗子

熱呼呼、香噴噴，吃水煮栗子時絕對無法享受到的美好感覺。烤箱不斷地飄出香氣，讓人必須努力地按耐住想嚐嚐看的心情……因為需要小火慢烤。品種關係，有些栗子不太容易取出果肉，請對半切開後，以湯匙挖出果肉後享用。直接吃就很美味，還可以當做製作甜點的素材。

材料與作法

栗子 —— 300g

1. 栗子橫向劃切深深的切口（**a**）。

2. 切口朝上，排入烤盤裡。放進預熱至200℃的烤箱裡烤20分鐘。烤至栗子裂開，切口露出金黃色果肉後，取出1顆，確認烘烤程度。尚未烤透時，追加烘烤時間5分鐘以上。

a

秋的饗宴。栗子的季節一定要烹調的
湯品之一。栗子與奶製品為什麼這麼
對味呀！這是一道味道香濃、口感細
緻，充滿幸福感的甜湯。

栗子甜湯

材料與作法〈3～4人份〉

A 烤栗子*（參照P.53）── 300g
　＊市售甜栗或烤栗子亦可。
　砂糖 ── 100g
　香草莢 ── 1/4根
　鮮奶油 ── 140ml
牛奶 ── 150ml～
鮮奶油（發泡用）── 適量
◎裝飾
食用菊花

・香草莢縱向剖開後刮出香草籽。

1. 烤栗子去皮後取出果肉（取出少量裝
飾用）。將材料A倒入鍋裡，加入冷水
（份量外）至剛好淹沒食材，以中火加
熱，烹煮至栗子入口即化為止。

2. 備有則以手持攪拌器打成泥狀，無攪
拌器則過篩壓成泥狀。

3. 處理成泥狀後倒回鍋裡，加熱後添加
牛奶，調成喜愛的濃度。移回深盤裡，加
入打發的鮮奶油與烤栗子，有則以食用菊
花為裝飾。

栗子蒙布朗

從烤栗子開始，整個製作過程都是自己動手完成的道地栗子醬。邊烹煮栗子邊轉移香草的香氣。栗子與香草的甘甜香氣令人難以招架。栗子煮熟後，藉口嚐味道卻一口接一口吃個不停。確實冷卻後，加在棉花糖或蛋白霜上，搭配鮮奶油一起享用。

材料與作法〈4～5人份〉

栗子醬

A 烤栗子*（參照P.53）—— 100g
 *市售甜栗或烤栗子亦可。
 砂糖 —— 35g
 香草莢 —— 1/4根
 鮮奶油 —— 40ml
 奶油 —— 10g
 蘭姆酒 —— 1小匙

◎**裝飾**

鮮奶油 —— 200ml
蛋白霜或棉花糖（市售）—— 適量

·香草莢縱向剖開後刮出香草籽。

1. 製作栗子醬。烤栗子去皮後取出果肉（取出少量裝飾用）。將材料A倒入鍋裡，加入冷水（份量外）至剛好淹沒食材，以中火加熱，烹煮至栗子入口即化為止。備有則以手持攪拌器打成泥狀，無攪拌器則過篩壓成泥狀，添加蘭姆酒，放入冰箱冷卻。

2. 利用打蛋器，將鮮奶油打發成堅挺乳霜狀。

3. 依喜好將市售蛋白霜或棉花糖杓入容器裡，添加鮮奶油。將步驟1杓入網目較大的茶杓或網杓裡，以湯匙擠壓似地（a）過篩後加在最上面。最後以烤栗子為裝飾。

a

烤番薯

最令人驚喜的是，利用家用烤箱就能烤出自己最喜愛的程度。我喜歡把番薯烤得有點焦焦的，喜愛到烤焦部分連皮都吃下肚。請依番薯大小和自己的喜好，調整番薯的烘烤時間。

材料與作法
番薯 —— 適量

番薯洗乾淨後，放進預熱至300℃（烤箱最高溫未達300℃時，預熱至250℃）的烤箱裡烤30～40分鐘。依據番薯大小調節烘烤時間。番薯切斷後，水分容易從切口處流失，因此建議大條番薯也整條烤熟（至番薯確實軟化到竹籤輕易就穿透為止）。

SWEET POTATO

番薯烤布蕾

撒上砂糖，以料理用噴火槍炙烤出焦焦的感覺，番薯也可以做成很出色的甜點。番薯一定要確實地吸入糖漿。熱騰騰的烤番薯，淋上甜蜜蜜的糖漿而香甜潤口，再加上烤出清脆口感的焦糖，口感風味絕妙的甜點。

材料與作法〈3～4人份〉

烤番薯（參照P.56）（大條）── 1條
砂糖 ── 20g
水 ── 20ml
蘭姆酒 ── 1小匙
香草精 ── 適量
細白糖 ── 30g

1. 將烤番薯輪切成厚3cm片狀。

2. 砂糖、份量中的水混合後，放進微波爐（500W・1分）加熱，煮滾後，添加蘭姆酒與香草精（**a**）。

3. 烤盤鋪上烤盤紙後，排放輪切番薯片，均勻地撒上份量中1/2的細白糖，放進預熱至200℃的烤箱裡烤5分鐘。烤好後撒上剩餘白砂糖。以料理用噴火槍炙烤成焦糖狀。無噴火槍時，以不再使用的鐵湯匙，將白砂糖加熱處理成焦糖狀（參照P.42）。

a

番薯脆餅

以杏仁可頌（croissant aux amandes）意象完成的甜點。杏仁霜經過烘烤就會呈現番薯般風味與口感。原來如此，怪不得搭配起來這麼對味。

材料與作法〈2人份〉

烤番薯（參照P.56）（大條）── 1條

杏仁奶油霜

　奶油 ── 20g

　砂糖 ── 20g

　雞蛋 ── 20g

　蘭姆酒 ── 1小匙

　香草精 ── 1滴

　杏仁粉 ── 20g

1. 烤番薯縱向對切成兩半。

2. 製作杏仁霜。將奶油倒入調理盆裡，以打蛋器攪打成乳霜狀，添加砂糖後充分地攪拌。少量多次添加蛋液後攪拌均勻，添加蘭姆酒、香草精後，再攪拌。篩入杏仁粉，確實地攪拌均勻。

3. 利用刮刀等，將步驟2抹在步驟1的切口上。烤盤鋪上烤盤紙後，排放番薯，放進預熱至180℃的烤箱裡烤15分鐘。

蒸烤番薯

淋上蜂蜜、檸檬汁後蒸烤而成。番薯增添酸味後吃起來更爽口。而且連檸檬皮都一起加入，轉移香氣。掀開鍋蓋的瞬間，屋裡頓時充滿著濃濃香氣。

材料與作法〈2人份〉

番薯 —— 2條
蜂蜜 —— 適量
檸檬 —— 1顆

1. 番薯縱向對切成兩半後，表面劃切菱形切口。

2. 將1小匙（份量外）冷水倒入耐熱容器裡，放入步驟1的番薯片。

3. 將蜂蜜與檸檬汁淋在番薯片上，檸檬皮一起放入容器裡。以鋁箔為蓋，覆蓋後放進預熱至200℃的烤箱裡烤20分鐘（至薯片確實熟透軟化為止）。

a

隱形番薯蛋糕

沒有切片器也沒關係，利用菜刀，將番薯切成薄片即可。番薯切得越薄，完成的蛋糕越好吃。蛋糕口感宛如可麗露的美味甜點。

材料與作法〈17×8×高6cm磅餅烤模1個份〉

番薯 —— 2條
雞蛋 —— 120g
細白糖 —— 70g
低筋麵粉 —— 60g
A 牛奶 —— 85ml
　香草精 —— 1～2滴
　融化奶油 —— 65g

・烤模事先鋪上烤盤紙。

1. 利用切片器，將番薯斜斜地刨切成薄片後泡水（**a**）。

2. 將雞蛋與白砂糖倒入調理盆裡攪拌均勻。篩入低筋麵粉，以橡皮刮刀攪拌至完全看不出粉狀顆粒。依序添加材料A後攪拌均勻（**b**）。

3. 番薯片表面的水分擦乾後，緊密地排入烤模裡，杓入少量步驟2的麵糊（**c**）。接著排入番薯片，再杓入麵糊，重複以上動作，一層層地堆疊（**d**）。可能因番薯片較多而剩下麵糊。

4. 放進預熱至180℃的烤箱裡烤40～45分鐘。出爐後確實冷卻才從烤模裡取出。

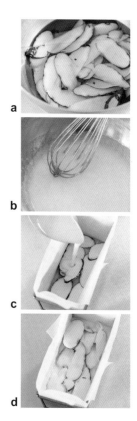

a

b

c

d

香草茶香糖漬櫻桃
＋鹽漬櫻花

將薄荷、馬鞭草等味道清新的香草茶與櫻桃，一起倒入耐熱容器微微加熱，完成糖漬水果吧！櫻桃產季短暫，一定要廣泛地變換作法完成不同的美味甜點喔！吸足香草香氣的櫻桃，搭配冰淇淋與鹽漬櫻花，完成招待賓客的春之饗宴。

材料與作法〈4人份〉

櫻桃 —— 24～32顆
香草茶（沖泡用）* —— 2g
＊香草茶包1包。
　沖泡用香草茶則依喜好使用。
水 —— 120ml
砂糖 —— 2g
香草冰淇淋 —— 適量
以熱水泡開的鹽漬櫻花 —— 4朵

1. 櫻桃去籽備用。

2. 將步驟1、香草茶（裝入紙袋。茶包則直接使用）、份量中的水、砂糖倒入耐熱容器裡（**a**），以鋁箔為蓋。放進預熱至100℃的烤箱裡加熱10分鐘。

3. 盛入盤裡，加上香草冰淇淋與鹽漬櫻花，撒上糖粉（份量外）。

a

CHERRY

材料與作法

〈7×4.5cm金磚蛋糕烤模15個份〉

美國櫻桃 —— 15顆
奶油 —— 115g
蛋白 —— 115g
砂糖 —— 80g
麥芽糖 —— 10g
香草精 —— 適量
A 低筋麵粉 —— 25g
│ 杏仁粉 —— 70g

· 烤模事先塗抹奶油（份量外）。

1. 將奶油倒入鍋裡，製作焦化奶油。
煮成淡淡的茶色，散發出香氣後離火。
過篩移入調理盆。

2. 將蛋白倒入另一個調理盆裡，攪拌
均勻後，添加砂糖、麥芽糖、香草精，
以打蛋器攪拌均勻。篩入材料A，最
後，邊滴入步驟1的焦化奶油，邊攪拌
均勻。

3. 倒入烤模至九分滿，加上美國櫻
桃。放進預熱至190℃的烤箱裡烤10～
13分鐘。稍微冷卻散熱後脫模取出。

黑櫻桃
金磚蛋糕

以味道酸甜的黑櫻桃，搭配大量添加焦
化奶油而味道香濃的金磚蛋糕麵糊，烤
成金磚蛋糕，再以鮮豔紫紅色櫻桃增添
色彩。無專用烤模時，使用烘焙用杯模
亦可。訣竅是將麵糊倒入淺杯裡，短時
間內烤成蛋糕。

櫻桃藍莓
脆皮派

餅乾直接擺在水果上烘烤完成的脆皮派，英國、美國的家常甜點。口感酥脆的餅乾部分，與吸入水果汁液而滑潤順口部分，味道都樸實無華，卻讓人覺得很懷念。

材料與作法〈直徑10cm耐熱容器4個份〉

美國櫻桃 —— 10顆
藍莓 —— 80g
砂糖 —— 30g
餅乾
　A 低筋麵粉 —— 100g
　　砂糖 —— 40g
　　泡打粉 —— 3g
　　鹽 —— 1小撮
　奶油 —— 55g
　牛奶 —— 50ml
　優格 —— 70g

＊奶油切成1cm小丁後，
　放入冰箱冷卻備用。

1. 製作餅乾。將材料A篩入調理盆裡攪拌均勻。

2. 加入奶油，利用刮板切拌材料至奶油切成5mm小丁為止。

3. 添加牛奶與優格，攪拌至看不出粉狀。彙整材料揉成麵團，以保鮮膜包裹後，擀成厚2cm麵皮，放入冰箱鬆弛1小時。

4. 從冰箱取出步驟3的麵皮，以直徑7cm烤模套切4片麵餅，或切成4等分。

5. 櫻桃與藍莓去籽，添加砂糖後攪拌均勻，倒入耐熱容器裡，加在步驟4的麵餅上（**a**）。放進預熱至210℃的烤箱裡烤30～35分鐘。

a

以白酒調製沙巴翁醬（sabayon），搭配熟透的柿子，完成這道大人口味的美味甜點。以挖空的柿子為容器，也放進烤箱裡，烤得入口即化，拿起湯匙就能夠切著吃。

奶油柿子

材料與作法〈2～3人份〉

柿子（熟透）── 2～3顆
蛋黃 ── 2顆份
砂糖 ── 30g
白酒 ── 20ml
鮮奶油 ── 100ml

1. 柿子上部1/4切下來當做蓋子，剩下的3/4挖出果肉後當做容器。

2. 將蛋黃與砂糖倒入調理盆裡，以打蛋器攪打至呈現泛白狀態。加入白酒、鮮奶油後攪拌均勻。

3. 混合1的果肉與2後，倒入挖空果肉的柿子容器，蓋上事先切下來當做蓋子的上部，然後並排入鋪好烤盤紙的烤盤裡，放進預熱至200℃的烤箱裡烤15～18分鐘（依據柿子熟度調節烘烤時間）。

PERSIMMON

柿子火焰塔

炙烤成焦糖的部分特別好吃，請耐心地烤出香噴噴的味道。訣竅是將柿子切成薄片。塗抹在裡層的糖煮柿子是這道甜點提味的秘密武器。

材料與作法〈直徑25cm 1個份〉

柿子 —— 2～3顆
冷凍派皮 —— 1張（150g）
融化奶油 —— 40g
細白糖 —— 20g

糖煮柿子
　柿子 —— 1顆
　砂糖 —— 柿子去皮後重量的1/4
　檸檬汁 —— 1/2顆份

杏仁奶油霜
　奶油 —— 30g
　A 砂糖 —— 30g
　　雞蛋 —— 20g
　　香草精 —— 1～2滴
　　蘭姆酒 —— 適量
　杏仁粉 —— 30g

1. 製作糖煮柿子。柿子去皮後，切成8等分梳子狀，再薄切成銀杏葉狀。切好後連同砂糖、檸檬汁一起倒入鍋裡，邊融解砂糖，邊熬煮出濃稠度。完成後移入淺盤等容器裡冷卻備用。

2. 製作杏仁霜。將奶油倒入調理盆裡，以橡皮刮刀攪拌促使軟化，依序添加材料A後攪拌，最後添加杏仁粉，確實地攪拌均勻。

3. 柿子去皮，縱向對切成兩半後，切口朝下，再切成2mm薄片（**a**）。

4. 冷凍派皮擀成厚3mm，切成直徑25cm左右後，移到烤盤紙上。利用叉子，在派皮上戳小孔洞（戳上氣孔）後，依序抹上杏仁霜（**b**）、糖煮柿子。

5. 柿子切成薄片後，由內往外依序排在步驟4上（**c**）。排成圓形，中央排入柿子碎片，依序堆疊出高度（**d**）。

6. 堆疊後連同烤盤紙一起擺在烤盤上，刷上融化奶油，撒上細白糖（**e**）。放進預熱至190℃的烤箱裡烤35～40分鐘。

a

b

c

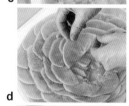
d

e

柿子乾司康

柿子乾適合搭配任何食材，絕對不會喧賓奪主，與奶油、粉類食材味道也很契合，是烘焙甜點的萬能素材。添加口感濕潤Q軟的柿子乾後，鬆軟的司康麵團質感大大地提昇。樸實無華的一道甜點。

材料與作法〈直徑5～6cm　5～6個份〉

柿子乾 —— 1顆
奶油 —— 30g
砂糖 —— 30g
鹽 —— 1小撮
雞蛋 —— 15g
牛奶 —— 20ml
A　低筋麵粉 —— 120g
　│ 泡打粉 —— 4g

1. 將奶油倒入調理盆裡，以橡皮刮刀攪拌成乳霜狀，添加砂糖、鹽，以打蛋器充分地攪打。少量多次添加雞蛋與牛奶後，攪拌均勻（**a**）。常出現分離現象，必須充分地攪拌。

2. 篩入材料A，切拌麵團似地以橡皮刮刀攪拌均勻（**b**）。

3. 將柿子乾切成1cm小丁，加入2後攪拌均勻（**c**）。以保鮮膜包裹後，擀成厚約3cm的麵皮（**d**），放入冰箱鬆弛1小時以上。

4. 以直徑5～6cm烤模套切5～6片麵餅（**e**）。

5. 烤盤鋪上烤盤紙後，並排麵餅。雞蛋（份量外）打勻後，以毛刷沾取，薄薄地塗抹麵餅表面，以直徑5～6cm的圓形無底烤模套住麵餅（烘焙後會稍微膨脹，沒有圓形無底烤模時，不使用也無妨）。放進預熱至200℃的烤箱裡烤15分鐘。

a

b

c

d

e

材料與作法〈直徑15cm耐熱容器1個份〉

南瓜（去籽、去瓤）── 200g
香料（粉）* ── 1/2小匙
*肉桂、丁香、肉荳蔻、
　月桂葉等依喜好選用。
奶油 ── 20g
蔗糖 ── 30g
肉桂棒 ── 1根
月桂葉 ── 1片

1. 將南瓜切成厚1cm片狀，以保鮮膜包裹後，放進微波爐（500W・10分）加熱煮軟。

2. 將南瓜片排入耐熱容器裡，撒上香料、切碎的奶油、蔗糖。備有時則加上肉桂棒、月桂葉，放進預熱至200℃的烤箱裡烤20～25分鐘。

充滿奶油香料
味道的糖蜜南瓜

味道甜美的南瓜，只是添加蔗糖和奶油，就能夠激盪出糕點般好滋味。善用肉荳蔻香氣則可調理成家常菜風味。搭配冰淇淋，或加在吐司麵包上都很美味。廣泛地使用各種香料，盡情地變換出不同的美味吧！

PUMPKIN

材料與作法〈直徑15cm圓形1個份〉

南瓜（去皮、去籽、去瓤）—— 100g
雞蛋 —— 150g
鮮奶油 —— 200ml
奶油起司 —— 300g
　（事先恢復常溫）
砂糖 —— 100g

1. 將30cm正方形烤盤紙放入烤模裡，手指沿著烤模底部邊緣按壓形成角度後，確實地鋪入烤模裡（**a**）。

2. 南瓜以保鮮膜包好後，放入微波爐（500W・10分）加熱至軟化，搗碎後，以手持攪拌器攪打或過篩壓成泥狀。移入調理盆裡，加入雞蛋與鮮奶油，少量多次添加，以橡皮刮刀攪拌均勻。

3. 將奶油起司倒入另一個調理盆裡，以橡皮刮刀攪拌成乳霜狀。添加砂糖後攪拌均勻。

4. 將步驟2少量多次加入步驟3，攪拌均勻後倒入烤模裡。放進預熱至230℃的烤箱裡烤30分鐘（至表面呈漆黑狀態為止）。確實冷卻後脫模取出。

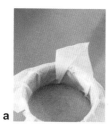

a

巴斯克南瓜起司蛋糕

調高溫度確實地烤出黝黑外觀吧！經過這麼高溫的烘烤，南瓜依然綿密細緻，滑潤順口，實在真神奇。絕對讓人讚不絕口的起司蛋糕。

TITLE

自然風味　果物甜點嚴選

STAFF

出版	瑞昇文化事業股份有限公司
作者	栗山有紀
譯者	林麗秀
總編輯	郭湘齡
責任編輯	蕭妤秦
文字編輯	張聿雯
美術編輯	許菩真
排版	二次方數位設計　翁慧玲
製版	明宏彩色照相製版有限公司
印刷	龍岡數位文化股份有限公司
法律顧問	立勤國際法律事務所　黃沛聲律師
戶名	瑞昇文化事業股份有限公司
劃撥帳號	19598343
地址	新北市中和區景平路464巷2弄1-4號
電話	(02)2945-3191
傳真	(02)2945-3190
網址	www.rising-books.com.tw
Mail	deepblue@rising-books.com.tw

初版日期	2021年11月
定價	280元

ORIGINAL JAPANESE EDITION STAFF

発行人	濱田勝宏
ブックデザイン	天野美保子
撮影	滝沢育絵
スタイリング	伊東朋恵
校閲	山脇節子
編集	長岡理恵
	田中　薫（文化出版局）

國家圖書館出版品預行編目資料

自然風味　果物甜點嚴選/栗山有紀作；
林麗秀譯. -- 初版. -- 新北市：瑞昇文化
事業股份有限公司, 2021.09
72面；21 x 20公分
ISBN 978-986-401-511-5(平裝)

1.點心食譜

427.16　　　　　　　　　110012825